essentials

Essentials liefern aktuelles Wissen in konzentrierter Form. Die Essenz dessen, worauf es als „State-of-the-Art" in der gegenwärtigen Fachdiskussion oder in der Praxis ankommt. Essentials informieren schnell, unkompliziert und verständlich.

- als Einführung in ein aktuelles Thema aus Ihrem Fachgebiet
- als Einstieg in ein für Sie noch unbekanntes Themenfeld
- als Einblick, um zum Thema mitreden zu können.

Die Bücher in elektronischer und gedruckter Form bringen das Expertenwissen von Springer-Fachautoren kompakt zur Darstellung. Sie sind besonders für die Nutzung als eBook auf Tablet-PCs, eBook-Readern und Smartphones geeignet.

Essentials: Wissensbausteine aus den Wirtschafts, Sozial- und Geisteswissenschaften, aus Technik und Naturwissenschaften sowie aus Medizin, Psychologie und Gesundheitsberufen. Von renommierten Autoren aller Springer-Verlagsmarken.

Berthold Heinrich

Kraft, Energie, Leistung

Kurz und bündig

Berthold Heinrich
Wanne-Eickel
Deutschland

ISSN 2197-6708 ISSN 2197-6716 (electronic)
essentials
ISBN 978-3-658-11257-8 ISBN 978-3-658-11258-5 (eBook)
DOI 10.1007/978-3-658-11258-5

Die Deutsche Nationalbibliothek verzeichnet diese Publikation in der Deutschen Nationalbibliografie; detaillierte bibliografische Daten sind im Internet über http://dnb.d-nb.de abrufbar.

Springer Vieweg

Gedruckt auf säurefreiem und chlorfrei gebleichtem Papier

Springer Fachmedien Wiesbaden ist Teil der Fachverlagsgruppe Springer Science+Business Media (www.springer.com)

Inhaltsverzeichnis

1 Einleitung

Die Begriffe Kraft, Arbeit, Energie, Leistung und Wirkungsgrad kommen sowohl im Alltag als auch in den Physiklehrplänen vieler Bildungsgänge und Schulformen vor. Einerseits nimmt aber leider der Anteil des Physikunterrichts in vielen Lehrplänen ab, andererseits wird in wirtschaftlichen, sozialen und politischen Kontexten immer mehr von Energie, Leistung, Wirkungsgrad gesprochen. Es ist deshalb für eine sachgerechte Diskussion nötig, die physikalischen Grundlagen dieser 5 Begriffe zu verstehen. Neben den Definitionen werden viele durchgerechnete Beispiele vorgestellt, um die Anwendung der Begriffe in Physik und Technik zu verdeutlichen. Viele der hier verwendeten Beispiele können direkt sinngemäß auf andere Problemstellungen angewandt werden. Anschauliche Grafiken erleichtern das Verständnis.

B. Heinrich, *Kraft, Energie, Leistung,* essentials,
DOI 10.1007/978-3-658-11258-5_1

2 Kraft F

Eine Kraft erkennt man an einer beschleunigenden oder verformenden Wirkung auf einen Körper.

Die Einheit der Kraft lautet Newton (Abkürzung N). Abkürzend schreibt man auch $[F] = 1\text{N} = 1\frac{\text{kg} \cdot \text{m}}{\text{s}^2}$. 1 N ist die Kraft, die man benötigt, um einen Körper der Masse 1 kg um $1\frac{\text{m}}{\text{s}^2}$ zu beschleunigen. 1 N ist etwa die Gewichtskraft einer Tafel Schokolade (100 g) auf der Erde.

Drei Prinzipien

- Prinzip Actio = Reactio (Abb. 2.1)
- Kräftegleichgewicht: An einem Körper, der sich in Ruhe befindet oder sich mit gleichförmiger Geschwindigkeit fortbewegt, herrscht Kräftegleichgewicht. (Abb. 2.2)
- Kräfte überlagern sich, ohne sich gegenseitig zu beeinflussen. (Abb. 2.3)

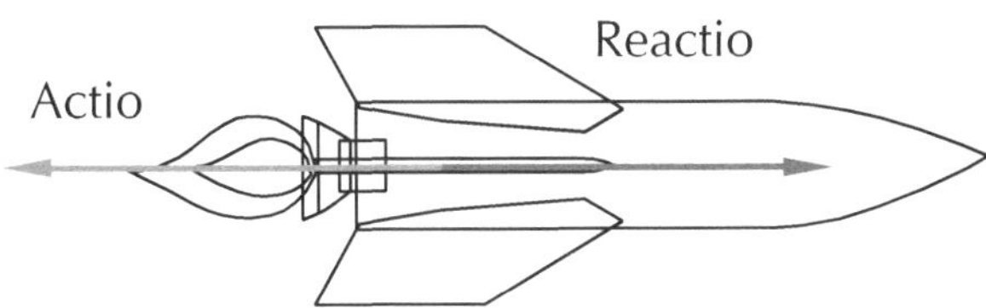

Abb. 2.1 Actio = Reactio

B. Heinrich, *Kraft, Energie, Leistung,* essentials,
DOI 10.1007/978-3-658-11258-5_2

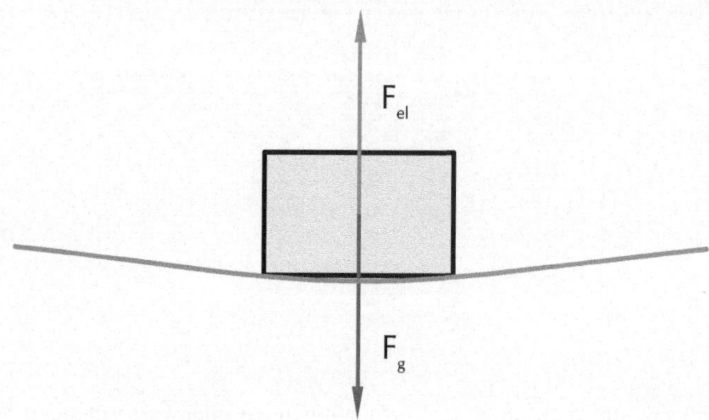

Abb. 2.2 Kräftegleichgewicht

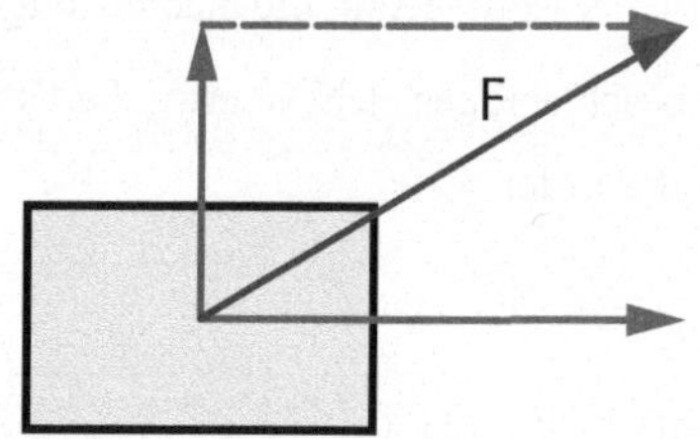

Abb. 2.3 Überlagerung von Kräften

Im Folgenden werden einige gebräuchliche und berechenbare Kräfte erläutert.

2.1 Mechanische Kräfte

2.1.1 Newtonsches Gesetz

Das Newtonsche Gesetz beschreibt den Zusammenhang zwischen einer beschleunigenden Kraft, der Masse und der Beschleunigung des Körpers.

Formel: $F = m \cdot a$ (s. Abb. 2.4)

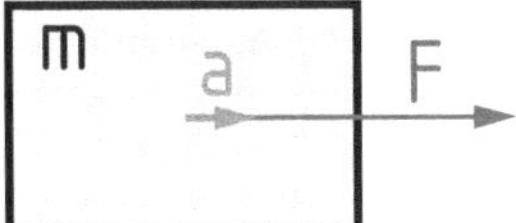

Abb. 2.4 Newtonsches Gesetz

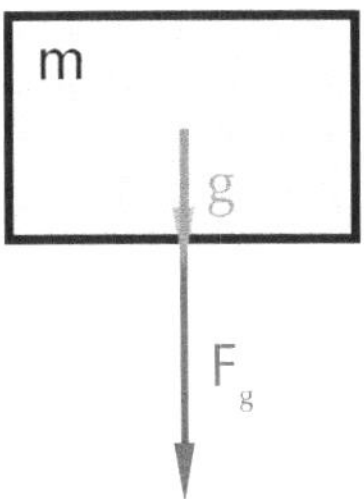

Abb. 2.5 Gewichtskraft

Benutzte Größen: m Masse, a Beschleunigung

Beispiel

Ein Körper der Masse 500 kg soll mit 5 m/s^2 beschleunigt werden. Welche Kraft muss aufgebracht werden?

Lösung

$$F = m \cdot a = 500\,\text{kg} \cdot 5\frac{\text{m}}{\text{s}^2} = \mathbf{2500\,N}$$

2.1.2 Gewichtskraft, oft auch Gewicht genannt

Die Gewichtskraft ist die Kraft, mit der ein Körper von der Erde (oder anderen Gestirnen) angezogen wird.

Formel: $F_g = m \cdot g$ (s. Abb. 2.5)

Benutzte Größen *m* Masse, *g* Fallbeschleunigung

Typische Werte: $g_{Erde} = 9{,}81\frac{\text{m}}{\text{s}^2}$, $g_{Mond} = 1{,}6\frac{\text{m}}{\text{s}^2} \approx \frac{1}{6} \cdot g_{Erde}$,

$$g_{Sonne} = 274\frac{\text{m}}{\text{s}^2} \approx 28 \cdot g_{Erde}$$

Die Einheit der Fallbeschleunigung wird auch oft in $\frac{\text{N}}{\text{kg}}$ angegeben.

Beispiel 1

Am 17. November 1970 landete das unbemannte Fahrzeug LUNOCHORD 1 auf der Mondoberfläche. Es hatte eine Masse von 756 kg. Welches Gewicht hatte das Fahrzeug dort?

Lösung

$$\boldsymbol{F_g} = m \cdot g_{Erde} = 756\,\text{kg} \cdot 1{,}6\frac{\text{m}}{\text{s}^2} \approx \mathbf{1210\,N}$$

Zum Vergleich: auf der Erde hat es ein Gewicht von $\text{F}_\text{g} = 756\,\text{kg} \cdot 9{,}81\frac{\text{m}}{\text{s}^2} \approx 7416\,\text{N}$

Beispiel 2

Berechnen Sie die Gewichtskraft eines Körpers von 470 mg auf dem Jupiter (Fallbeschleunigung: $26\frac{\text{m}}{\text{s}^2}$)!

Lösung

$$\boldsymbol{F_g} = m \cdot g = 470 \cdot 10^{-6}\text{kg} \cdot 26\frac{\text{m}}{\text{s}^2} = \mathbf{0{,}0122\,N}$$

2.1.3 Gravitationskraft

Zwischen zwei Körpern wirken aufgrund ihrer Masse anziehende Kräfte, sog. Gravitationskräfte. Sie sind entgegengesetzt gerichtet und gleich groß.

Formel: $G = \gamma \cdot \frac{m_1 \cdot m_2}{r^2}$ (s. Abb. 2.6)

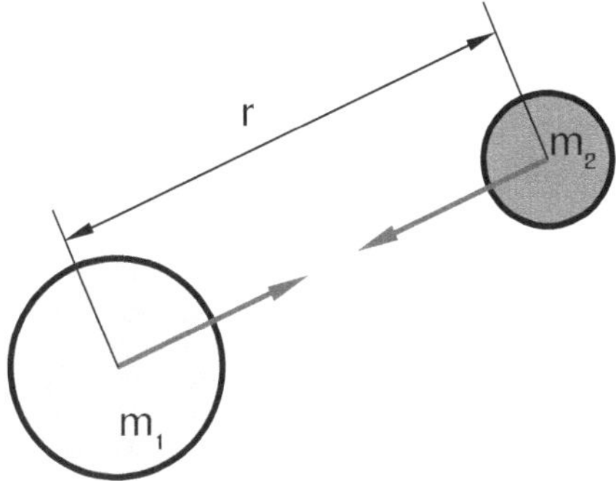

Abb. 2.6 Gravitationskraft

Benutzte Größen: m_1, m_2 Massen der beiden Körper, γ universelle Gravitationskonstante $\gamma = 6{,}67 \cdot 10^{-11} \frac{\text{Nm}^2}{\text{kg}^2}$, r Abstand der Massenmittelpunkte der beiden Körper

Die Gravitation ist die Ursache der Gewichtskraft. An der Erdoberfläche gilt

$$\boldsymbol{g} = \gamma \cdot \frac{m_{Erde}}{r_{Erde}^2} = 6{,}67 \cdot 10^{-11} \frac{\text{Nm}^2}{\text{kg}^2} \cdot \frac{5{,}974 \cdot 10^{24}}{\left((6370 \cdot 10^3)\right)^2} \frac{\text{kg}}{\text{m}^2} \approx \mathbf{9{,}82} \frac{\mathbf{m}}{\mathbf{s}^2}$$

Bei der Gravitation ziehen sich beide Massen an. Ein Mensch auf der Erde wird von dieser angezogen, zieht aber auch die Erde an. Allerdings ist die Wirkung auf die Erde wegen der erheblich größeren Masse sehr gering.

Die Erde zieht den Mond an, aber dieser auch die Erde. Man sieht das an dem Auftreten von Ebbe und Flut.

Beispiel

Mit welcher Kraft ziehen sich zwei Schiffe, von denen jedes die Masse von 41.500 t hat, an, wenn sie im Hafen einen Abstand von 450 m haben?

Lösung

$$\boldsymbol{G} = \gamma \cdot \frac{m^2}{r^2} 6{,}67 \cdot 10^{-11} \frac{\text{Nm}^2}{\text{kg}^2} \cdot \frac{(41.500 \cdot 10^3 \text{kg})^2}{(450\ \text{m})^2} \approx \mathbf{0{,}5673\ N}$$

2.1.4 Normalkraft

Die Normalkraft ist der Kraftanteil, der senkrecht zur Neigungsfläche der schiefen Ebene wirkt. Sie sorgt für die Anpressdruck und die Reibung.

Formel: $F_N = F_g \cdot \cos\alpha$ (s. Abb. 2.7)

Benutzte Größen: F_g Gewichtskraft, α Neigungswinkel der schiefen Ebene

Beispiel

Wie groß ist die Normalkraft bei einem Körper der Masse 2,5 kg auf einer schiefen Ebene mit einem Neigungswinkel von 35°?

Lösung

$$\boldsymbol{F_N} = F_g \cdot \cos\alpha = m \cdot g \cdot \cos\alpha = 2{,}5\,\text{kg} \cdot 9{,}81\frac{\text{N}}{\text{kg}} \cdot \cos 35^\circ \approx \mathbf{20{,}09\,N}$$

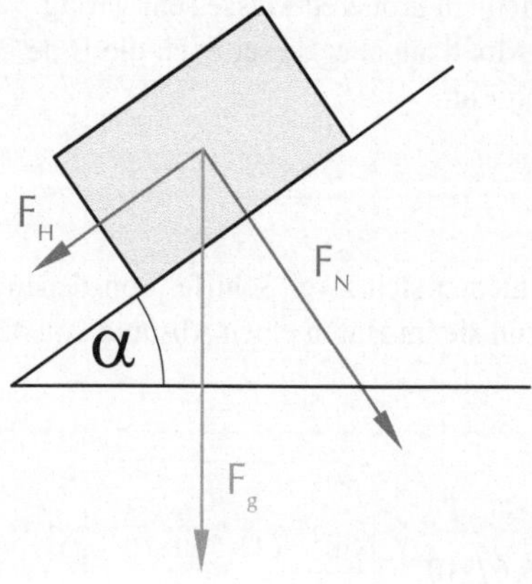

Abb. 2.7 Normalkraft

2.1.5 Hangabtriebskraft

Die Hangabtriebskraft ist der Kraftanteil, der parallel zur Neigungsfläche der schiefen Ebene zeigt. Sie sorgt für das Abrutschen.

Formel: $F_H = F_g \cdot \sin\alpha$ (s. Abb. 2.8)

Benutze Größen: F_g Gewichtskraft, α Neigungswinkel der schiefen Ebene

Beispiel

Ein Skifahrer wiegt 75 kg und fährt eine Harakiripiste (78 % Gefälle) in Österreich herab. Zum Vergleich fährt ein gleichschwerer Snowboardfahrer im Sauerland eine Piste von 20 % Gefälle herab. Wie groß ist in beiden Fällen die Hangabtriebskraft?

Lösung

Harakiripiste: Eine Steigung von 78 % bedeutet, dass auf einer horizontalen Strecke von 100 m das Gelände um 78 m ansteigt[1]. D. h. $\tan\alpha = 0{,}78 \Rightarrow \alpha = 37{,}95^\circ$,

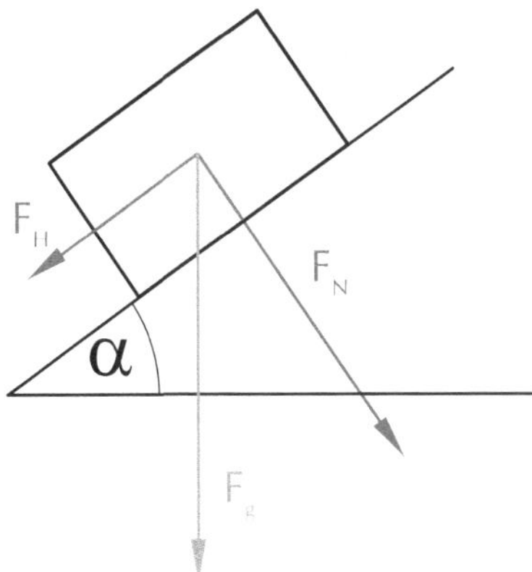

Abb. 2.8 Hangabtriebskraft

[1] Andere Meinung: Der Anstieg beträgt 78 % 78 m auf einer **gefahrenen** Strecke von 100 m. Dann müsste man den Winkel mit dem Sinus bestimmen.

also $\boldsymbol{F_H} = F_g \cdot \sin\alpha = m \cdot g \cdot \sin\alpha \approx 75\,\text{kg} \cdot 9{,}81\frac{\text{N}}{\text{kg}} \cdot \sin(37{,}95^\circ) \approx \mathbf{453{,}5\,N}$

Sauerland:
Analog $\tan\alpha = 0{,}2 \Rightarrow \alpha = 11{,}31^\circ$,

also $\boldsymbol{F_H} = F_g \cdot \sin\alpha = m \cdot g \cdot \sin\alpha \approx 75\,\text{kg} \cdot 9{,}81\frac{\text{N}}{\text{kg}} \cdot \sin(11{,}31^\circ) \approx \mathbf{144{,}3\,N}$

2.1.6 Reibungskraft

Die Reibungskraft ist stets der Bewegung entgegengerichtet.

Formel: $F_r = \mu \cdot F_N$ (s. Abb. 2.9)

Benutzte Größen: F_N Normalkraft, μ Reibungskoeffizient

Die Ursache für Reibung ist meist die Rauheit der Oberflächen. Man unterscheidet Haftreibung (μ_h), Gleitreibung (μ_g) und Rollreibung (μ_r). Dabei gilt $0 \le \mu_r \le \mu_g \le \mu_h$

Bei Fahrzeugen fasst man auch die diversen Reibungen zu einem Fahrwiderstandsbeiwert μ_F zusammen.

Beispiel 1

Welche maximale Kraft kann ein Auto (Masse 1500 kg) beim Anfahren ‚auf die Straße bringen', ohne dass die Reifen durchdrehen? Dabei gelten folgende (Haft-) Reibungskoeffizienten:

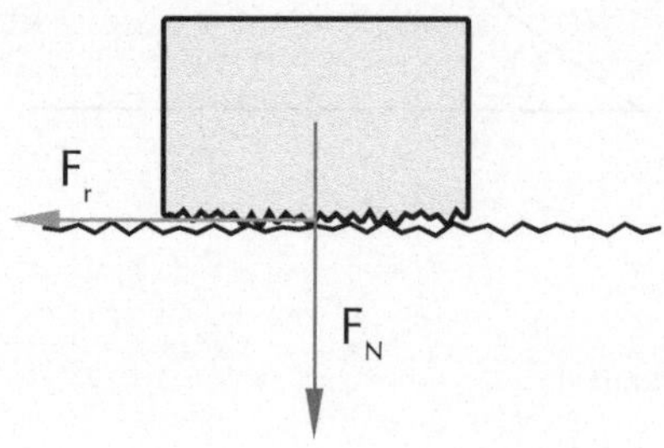

Abb. 2.9 Reibungskraft

Asphalt trocken: $\mu_h = 1{,}2$
Asphalt nass: $\mu_h = 0{,}6$
Eis: $\mu_h = 0{,}1$

Lösung

Asphalt trocken: $\boldsymbol{F_r} = \mu \cdot F_N = \mu \cdot m \cdot g = 1{,}2 \cdot 1500\,\text{kg} \cdot 9{,}81\frac{\text{N}}{\text{kg}} = \mathbf{17658\,N}$

Asphalt nass: $\boldsymbol{F_r} = \mu \cdot F_N = \mu \cdot m \cdot g = 0{,}6 \cdot 1500\,\text{kg} \cdot 9{,}81\frac{\text{N}}{\text{kg}} = \mathbf{8829\,N}$

Eis: $\boldsymbol{F_r} = \mu \cdot F_N = \mu \cdot m \cdot g = 0{,}1 \cdot 1500\,\text{kg} \cdot 9{,}81\frac{\text{N}}{\text{kg}} = \mathbf{1471{,}5\,N}$

Beispiel 2

Ein Eisenbahnwaggon, der $1{,}7 \cdot 10^6\,\text{N}$ wiegt, soll auf waagerechter Strecke bei einer Rollreibungszahl 0,0081 bei konstanter Geschwindigkeit gehalten werden. Welche Kraft ist dazu notwendig?

Lösung

$$\boldsymbol{F_r} = \mu \cdot F_g = 0{,}0081 \cdot 1{,}7 \cdot 10^6\,\text{N} = \mathbf{13770\,N}$$

2.1.7 Federkraft

Die Federkraft ist die Kraft, die ein elastischer Körper der Streckung oder Stauchung entgegensetzt.

Formel: $F_f = D \cdot s$ (s. Abb. 2.10)

Benutzte Größen: *D* Federkonstante, *s* Auslenkung

Beispiel 1

Eine Feder hat eine Federkonstante von $3\frac{\text{N}}{\text{m}}$. Welche Kraft muss aufgebracht werden, damit sie um 7 cm verlängert wird?

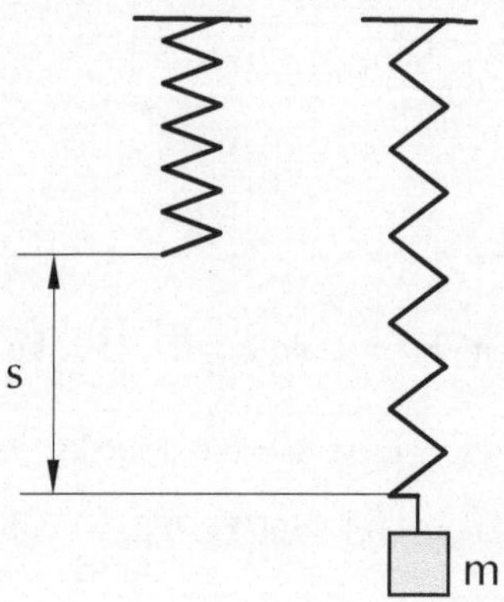

Abb. 2.10 Federkraft

Lösung

$$F_f = D \cdot s = 3\frac{\text{N}}{\text{m}} \cdot 0{,}07\ \text{m} = \mathbf{0{,}21\ N}$$

Beispiel 2

Mit welcher Kraft muss eine Feder mit einer Federkonstanten von $0{,}2\frac{\text{N}}{\text{mm}}$ gedehnt werden, wenn eine Dehnung von 3,0 cm erreicht werden soll?

Lösung

$$F_f = D \cdot s = 200\frac{\text{N}}{\text{m}} \cdot 0{,}03\ \text{m} = \mathbf{6\ N}$$

2.1.8 Druckkraft

Die Druckkraft ist diejenige Kraft, die ein Druck auf eine Fläche ausübt.

Formel: $F_p = p \cdot A$ (s. Abb. 2.11)

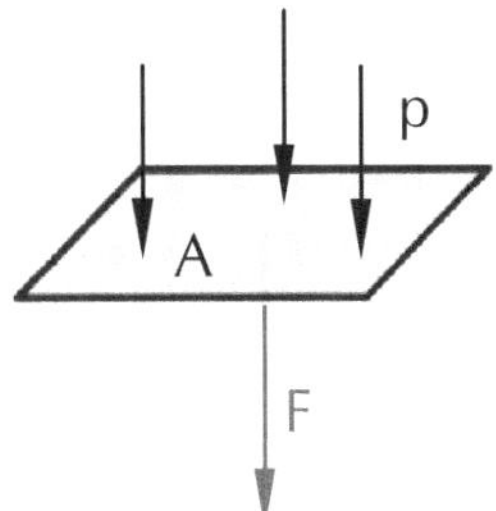

Abb. 2.11 Druckkraft

Benutzte Größen p Druck $\left([p]=1\,\text{Pa}=1\dfrac{\text{N}}{\text{m}^2}\right)$, A Fläche

Beispiel 1

Wie groß ist die Druckkraft des Kolbens eines Hydrozylinders mit einer Querschnittsfläche von $4\,\text{cm}^2$ bei einem Druck von $60\cdot10^5\,\dfrac{\text{N}}{\text{m}^2}$?

Lösung

$$F_p = p\cdot A = 60\cdot10^5\,\frac{\text{N}}{\text{m}^2}\cdot0{,}004\,\text{m}^2 = \mathbf{24000\,N}$$

Beispiel 2

Wie groß muss eine Kraft sein, damit sie bei einer Angriffsfläche von $2{,}3\,\text{mm}^2$ den Druck von $3{,}5\cdot10^8$ Pa erzeugt?

Lösung

$$F_p = p\cdot A = 3{,}5\cdot10^8\,\frac{\text{N}}{\text{m}^2}\cdot2{,}3\cdot10^{-6}\,\text{m}^2 = \mathbf{805\,N}$$

2.1.9 Auftriebskraft (in Gasen und Flüssigkeiten)

Die Auftriebskraft ist so groß wie die Gewichtskraft des verdrängten Mediums.

Formel: $F_a = \rho_v \cdot V_v \cdot g$ (s. Abb. 2.12)

Benutzte Größen: ρ_v Dichte des verdrängten Mediums (Luft bei 20 °C: $1{,}293\frac{\text{kg}}{\text{m}^3}$, Wasser: $0{,}998\frac{\text{kg}}{\text{dm}^3}$), V_v verdrängtes Volumen

Beispiel 1

Ein Gasluftballon wiegt leer zusammen mit der Gondel 12 kN. Er wird mit Wasserstoff (Dichte $\rho_H = 0{,}09\frac{\text{kg}}{\text{m}^3}$) auf ein Volumen von $1{,}6 \cdot 10^3\ \text{m}^3$ aufgeblasen. Welche Auftriebskraft erfährt der Ballon in der Luft (Dichte $\rho_L = 1{,}29\frac{\text{kg}}{\text{m}^3}$)?

Lösung

$$\boldsymbol{F_a} = \rho_L \cdot V_v \cdot g = 1{,}29\frac{\text{kg}}{\text{m}^3} \cdot 1{,}6 \cdot 10^3\text{m}^3 \cdot 9{,}81\frac{\text{N}}{\text{kg}} = \mathbf{20248\ N \approx 21\ kN}$$

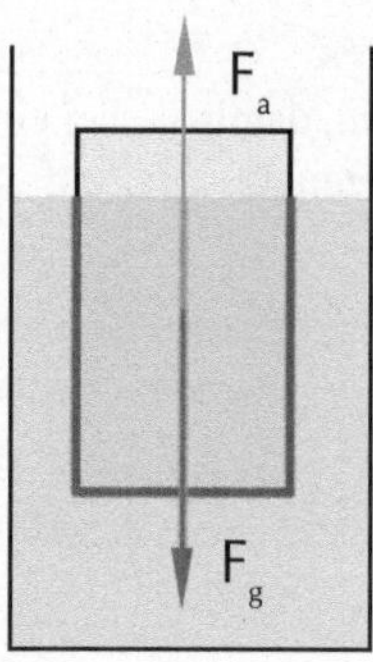

Abb. 2.12 Auftriebskraft

Anmerkung Um zu wissen, ob der Ballon steigt, muss man noch klären, ob der Ballon schwerer oder leichter ist. Die Gewichtskraft des Ballon setzt sich zusammen aus der Leergewicht und dem Gewicht des Gases.

$$F_g = 12000\ \mathrm{N} + 1{,}6 \cdot 10^3\ \mathrm{m}^3 \cdot 0{,}09 \frac{\mathrm{kg}}{\mathrm{m}^3} \cdot 9{,}81 \frac{\mathrm{N}}{\mathrm{kg}} = 12000\ \mathrm{N} + 1413\ \mathrm{N} = 13413\ \mathrm{N}$$

Der Ballon ist also leichter und wird aufsteigen.

Beispiel 2

Eine Stahlkugel $\left(\rho_{St} = 7{,}82 \frac{\mathrm{kg}}{\mathrm{dm}^3}\right)$ von 11 cm Durchmesser ist vollständig in Quecksilber $\left(\rho_{Hg} = 13{,}6 \frac{\mathrm{kg}}{\mathrm{dm}^3}\right)$ eingetaucht. Welche Kraft wirkt auf die Kugel?

Lösung

$$\mathbf{F} = \mathrm{F_g} - \mathrm{F_a} = \rho_{\mathrm{St}} \cdot \mathrm{V} \cdot \mathrm{g} - \rho_{\mathrm{Hg}} \cdot \mathrm{V} \cdot \mathrm{g} = \frac{4}{3} \cdot \pi \cdot \mathrm{r}^3 \cdot \mathrm{g} \cdot (\rho_{\mathrm{St}} - \rho_{\mathrm{Hg}})$$

$$= \frac{4}{3} \cdot \pi \cdot \left(\frac{11}{2} \cdot 10^{-2}\right)^3 \cdot 9{,}81 \cdot (7{,}82 \cdot 10^3)\mathrm{N} = \mathbf{-\,39{,}52\ N}$$

Die Kugel wird also steigen.

2.1.10 Luftwiderstandskraft

Die Luftwiderstandkraft ist wie die Reibungskraft stets der Bewegung entgegengesetzt.

Formel: $F_w = \frac{1}{2} \cdot c_w \cdot \rho \cdot A \cdot v^2$ (s. Abb. 2.13)

Benutzte Größen: c_w Luftwiderstandsbeiwert (Auto: 0,2 … 0,4; Flugzeugflügel: 0,02), ρ Dichte des umgebenden Mediums (Luft bei 20 °C: $1{,}293 \frac{\mathrm{kg}}{\mathrm{m}^3}$, Wasser: $0{,}998 \frac{\mathrm{kg}}{\mathrm{dm}^3}$), v Geschwindigkeit gegenüber dem umgebenden Medium, A wirksame Querschnittsfläche (= senkrechte Anströmfläche)

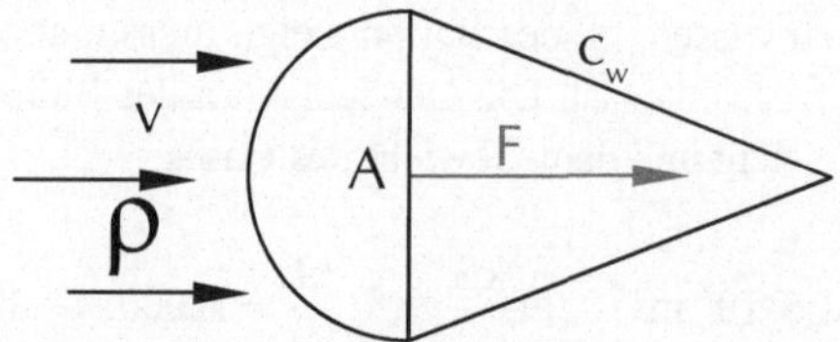

Abb. 2.13 Luftwiderstandskraft

Beispiel 1

Ein moderner PKW (1er BMW) hat einen Luftwiderstandsbeiwert von 0,29. Die wirksame Querschnittsfläche beträgt bei diesem Auto etwa 2 m². Welche Luftwiderstandskräfte muss der Motor bei einer Geschwindigkeit von $50\frac{\text{km}}{\text{h}}$, bei $100\frac{\text{km}}{\text{h}}$ und bei $130\frac{\text{km}}{\text{h}}$ aufbringen?

Lösung

Geg.: $c_w = 0{,}29,\ \rho = 1{,}293\frac{\text{kg}}{\text{m}^3},\ A = 2\ m^2,\ v_1 = \frac{50}{3{,}6}\frac{\text{m}}{\text{s}} = 13{,}89\frac{\text{m}}{\text{s}},$

$v_2 = 27{,}78\frac{\text{m}}{\text{s}},\ v_3 = 36{,}11\frac{\text{m}}{\text{s}}$

$$\boldsymbol{F_1} = \frac{1}{2}\cdot c_w\cdot\rho\cdot A\cdot v_1^2 = \frac{1}{2}\cdot 0{,}29\cdot 1{,}293\frac{\text{kg}}{\text{m}^3}\cdot 2\ \text{m}^2\cdot\left(13{,}89\frac{\text{m}}{\text{s}}\right)^2$$
$$= 0{,}1875\cdot 2\cdot 192{,}9\text{N} = \mathbf{72{,}34\ N}$$

$$\boldsymbol{F_2} = \frac{1}{2}\cdot c_w\cdot\rho\cdot A\cdot v_2^2 = \frac{1}{2}\cdot 0{,}29\cdot 1{,}293\frac{\text{kg}}{\text{m}^3}\cdot 2\ \text{m}^2\cdot\left(27{,}78\frac{\text{m}}{\text{s}}\right)^2$$
$$= 0{,}1875\cdot 2\cdot 771{,}7\ \text{N} = \mathbf{289{,}4\ N}$$

$$\boldsymbol{F_3} = \frac{1}{2}\cdot c_w\cdot\rho\cdot A\cdot v_3^2 = \frac{1}{2}\cdot 0{,}29\cdot 1{,}293\frac{\text{kg}}{\text{m}^3}\cdot 2\ \text{m}^2\cdot\left(36{,}11\frac{\text{m}}{\text{s}}\right)^2$$
$$= 0{,}1875\cdot 2\cdot 1304\ \text{N} = \mathbf{489\ N}$$

Anmerkung Die Luftwiderstandskraft steigt stark mit der Geschwindigkeit an, mit $150\frac{\text{km}}{\text{h}}$ fährt man weniger als dreimal so schnell wie mit $50\frac{\text{km}}{\text{h}}$; trotzdem steigt die dazu nötige Kraft auf fast als das Siebenfache. Das liegt daran, dass die Geschwindigkeit mit dem Quadrat in der Formel steht. Bei Verdoppelung der Geschwindigkeit vervierfacht sich die Kraft, bei einer Verdreifachung wird die Kraft neunmal so groß.

Hinzu kommen dann noch die Reibungskräfte innerhalb des Antriebes und gegenüber der Fahrbahn.

Beispiel 2

Gesucht ist die maximale Geschwindigkeit, die ein Fallschirmspringer erreicht, wenn sich der Schirm nicht öffnet. Rechnen Sie mit folgenden Größen: Masse: 85 kg, Luftwiderstandsbeiwert: 1,22, wirksame Fläche: $0{,}689\text{m}^2$, Dichte der Luft: $0{,}904\frac{\text{kg}}{\text{m}^3}$.

Lösung

$$v = \sqrt{\frac{2 \cdot F_g}{A \cdot \rho \cdot c_w}} = \sqrt{\frac{2 \cdot 85\,\text{kg} \cdot 9{,}81\text{m} \cdot \text{m}^2}{0{,}689\,\text{m}^2 \cdot 0{,}904\,\text{kg} \cdot 1{,}22\,\text{s}^2}} = 46{,}85\frac{\text{m}}{\text{s}} = \mathbf{168{,}7}\frac{\textbf{km}}{\textbf{h}}$$

Unter diesen Bedingungen stellt sich also eine konstante Geschwindigkeit ein.

2.1.11 Zentripetalkraft

Die Zentripetalkraft zwingt eine Körper auf eine Kreisbahn.

Formel: $F_z = m \cdot a_r$ (s. Abb. 2.14)

Benutzte Größen: a_r Radialbeschleunigung, $a_r = \frac{v^2}{r} = \omega^2 \cdot r$, m Masse

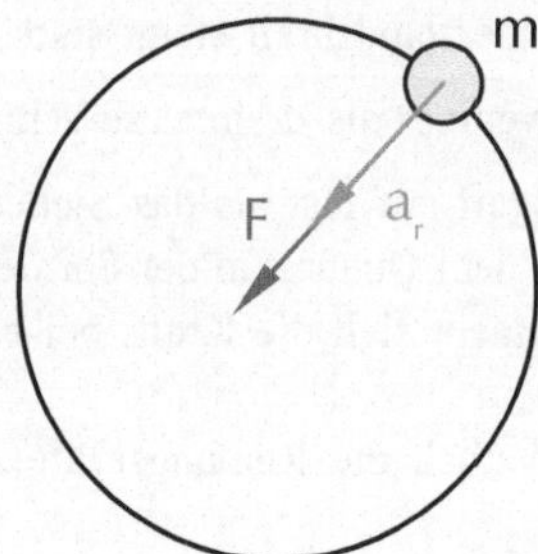

Abb. 2.14 Zentripetalkraft

Beispiel

Ein PKW mit einer Masse von einer Tonne durchfährt mit einer Geschwindigkeit von $80 \frac{\text{km}}{\text{h}}$ auf waagerechter Straße eine Kurve mit dem Radius 58 m. Wie groß ist die dafür benötigte Zentripetalkraft?

Lösung

$$F_z = m \cdot \frac{v^2}{r} = 10^3 \text{kg} \cdot \frac{\left(\frac{80}{3{,}6} \frac{\text{m}}{\text{s}}\right)^2}{58\text{m}} = \mathbf{8514\ N}$$

Anmerkung Die **Zentrifugalkraft** ist der Zentripetalkraft entgegengesetzt gerichtet. Bei einem Körper, der sich auf einer Kreisbahn bewegt (z. B. die Weltraumstation ISS) sind Zentrifugal- und Zentripetalkraft betragsmäßig gleich groß.

2.2 Elektrostatische Kraft

Die elektrostatische Kraft ist die Kraft eines elektrischen Feldes auf eine Probeladung.

Formel: $F_{el} = E \cdot q$ (s. Abb. 2.15)

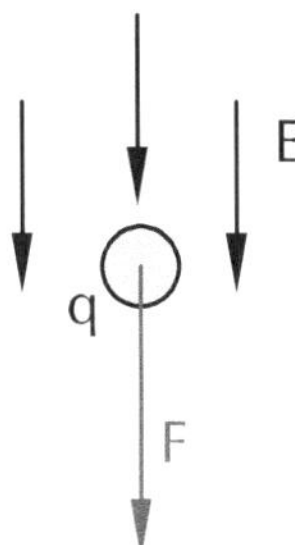

Abb. 2.15 elektrostatische Kraft

Benutzte Größen: E elektrische Feldstärke, q Ladung, auf die das elektrische Feld wirkt

Beispiel

Die elektrische Feldstärke in einem Atom sei am Ort des Elektrons $5 \cdot 10^{-11}\ \frac{\mathrm{N}}{\mathrm{C}}$. Wie groß ist die Kraft auf ein Elektron der Ladung $1{,}6 \cdot 10^{-19}$ C ?

Lösung

$$F_{el} = E \cdot q = 5 \cdot 10^{-11}\ \frac{\mathrm{N}}{\mathrm{C}} \cdot 1{,}6 \cdot 10^{-19}\,\mathrm{C} = 8 \cdot 10^{-8}\ \mathrm{N}$$

2.3 Lorentzkraft

Die Lorentzkraft wirkt auf einen stromdurchflossenen Leiter in einem Magnetfeld.

Formel: $F_m = I \cdot l \cdot B$ (s. Abb. 2.16)

Benutzte Größen: I Stromstärke, B magnetische Flussdichte $\left([B] = 1\mathrm{T} = 1\frac{\mathrm{N}}{\mathrm{A} \cdot \mathrm{m}}\right)$, l Länge des Leiters im Feld

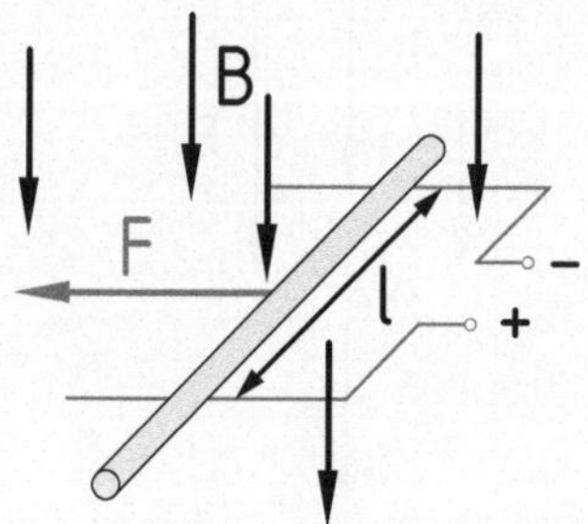

Abb. 2.16 Lorentzkraft

Beispiel

Die magnetische Flussdichte eines Hufeisenmagneten beträgt 1,5 T. Welche Kraft wirkt auf einen 2,3 cm langen Leiter im magnetischen Feld des Hufeisenmagneten, durch den ein Strom von 5 A fließt?

Lösung

$$F_m = I \cdot l \cdot = 5\,\text{A} \cdot 0{,}023\,\text{m} \cdot 1{,}5 \frac{\text{N}}{\text{A} \cdot \text{m}} = \mathbf{0{,}1725}\,\text{N}$$

3 Arbeit W

Die Einheit der Arbeit ist Joule $\left(1\text{J}=1\,\text{N}\cdot 1\,\text{m}=1\,\frac{\text{kg}\cdot\text{m}^2}{\text{s}^2}\right)$. 1 J verrichtet man, wenn man z. B. eine 100 g-Tafel Schokolade auf der Erde um einen Meter hochhebt.

3.1 Mechanische Arbeit

Mechanische Arbeit wird verrichtet, wenn eine Kraft F längst eines Weges s wirkt. (s. Abb. 3.1)

Formel: $W = F \cdot s$

Benutzte Größen: s zurückgelegter Weg, F Kraft (in Wegrichtung)

Anmerkungen:

1. Die Kraft muss in Wegrichtung zeigen. Ist das nicht der Fall, zählt nur der Kraftanteil, der in Wegrichtung zeigt.

Formel: $W = \vec{F} \cdot \vec{s} = F \cdot s \cdot \cos\alpha$ (s. Abb. 3.2)

2. Die Kraft muss konstant sein. Ist dies nicht der Fall berechnet man die Arbeit als Fläche unter dem Kraft-Weg-Diagramm. (s. Abb. 3.3)

B. Heinrich, *Kraft, Energie, Leistung,* essentials,
DOI 10.1007/978-3-658-11258-5_3

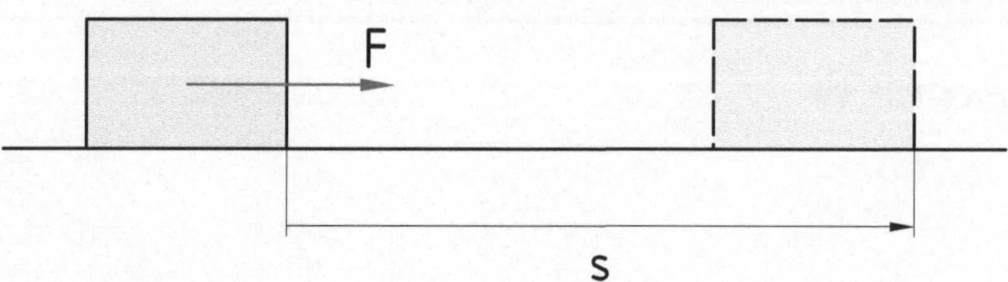

Abb. 3.1 Mechanische Arbeit

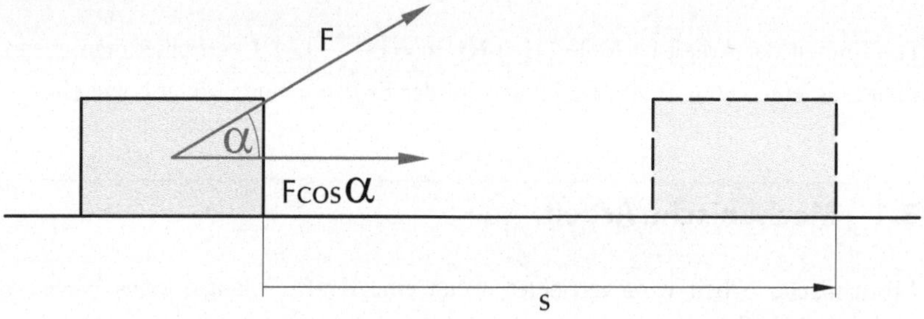

Abb. 3.2 Die Kraft wirkt in einem Winkel zum Weg

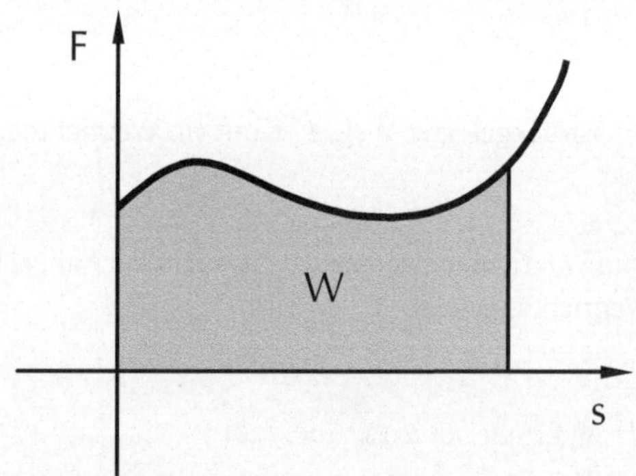

Abb. 3.3 Arbeit bei veränderlicher Kraft

Formel: $W = \int \vec{F} \cdot d\vec{s}$

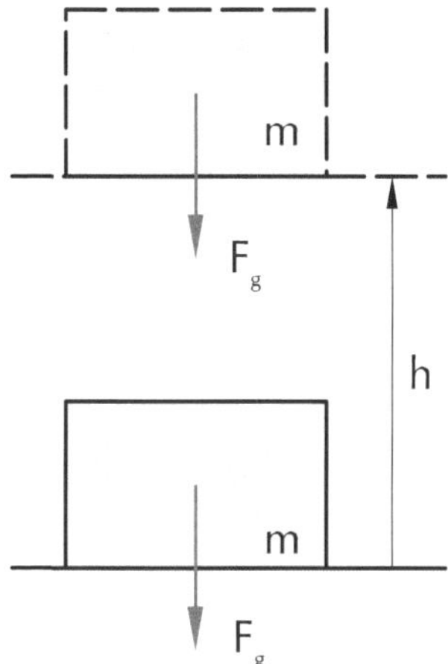

Abb. 3.4 Hubarbeit

3. Sonderfälle:
   $s = 0 \Rightarrow W = 0$ „Halten verrichtet keine Arbeit."
   $F = 0 \Rightarrow W = 0$ „Widerstandslose Bewegung verrichtet keine Arbeit."
4. Goldene Regel der Mechanik: Was man als Kraft einspart, muss man als Weg zufügen.

In die Formel für die Arbeit können die verschiedenen Kräfte aus Kap. 1 eingesetzt werden. Einige häufig benötigte Arbeitsformen werden im Folgenden aufgelistet.

3.1.1 Hubarbeit

Hubarbeit ist die Arbeit durch oder gegen die Gewichtskraft.

Formel: $W_h = F_g \cdot h \qquad | F_g = m \cdot g$

$W_h = m \cdot g \cdot h$ (s. Abb. 3.4)

Benutzte Größen: F_g Gewichtskraft, m Masse, g Erdbeschleunigung, h Hubhöhe

Beispiel

Eine Bergsteigerin mit einer Masse von 55 kg ersteigt mit einem Rucksack von 15 kg von Oberstdorf (818 m Höhe über NN) und will am Gipfelkreuz des Nebelhorns (2224 m über NN) eine Schalke-04-Fahne anbringen. Welche Arbeit muss sie dazu verrichten?

Lösung

$$W_h = m \cdot g \cdot h = (55\,\text{kg} + 15\,\text{kg}) \cdot 9{,}81\frac{\text{m}}{\text{s}^2} \cdot (2224\text{m} - 818\text{m})$$

$$= 70 \cdot 9.81 \cdot 1406\,\text{J} = \mathbf{965500\,J} \approx \mathbf{966\,kJ}$$

Anmerkung: Sogenannte „einfache Maschinen“ (schiefe Ebenen, Hebel, lose und feste Rollen und Flaschenzüge) können eingesetzt werden. **„Was man als Kraft spart, muss man als Weg zufügen.“**

3.1.2 Beschleunigungsarbeit

Formel: $W_b = \frac{1}{2} m v^2$ (s. Abb. 3.5)

Benutzte Größen: m Masse, v Geschwindigkeit

Beispiel

Der Formel-I-Wagen von Sebastian Vettel hat ein Leergewicht von 391 kg, vollbetankt fasst er 150 kg Benzin. Sebastian selbst wiegt 64 kg. Der Wagen wird auf 350 $\frac{\text{km}}{\text{h}}$ beschleunigt. Welche Arbeit muss der Motor dabei verrichten?

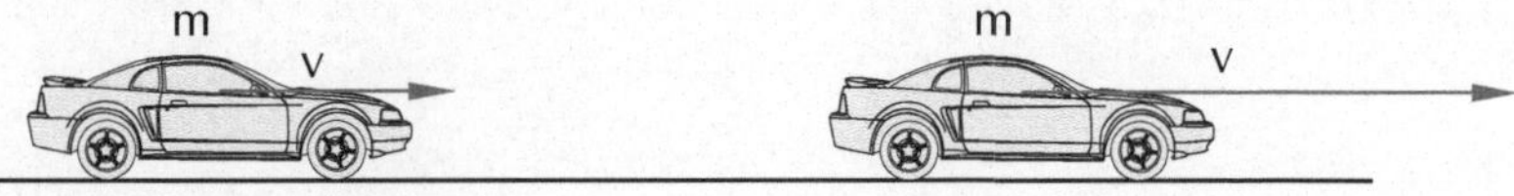

Abb. 3.5 Beschleunigungsarbeit

Lösung

$$W_b = \frac{1}{2}mv^2 = \frac{1}{2} \cdot (391\,\text{kg} + 150\,\text{kg} + 64\,\text{kg}) \cdot \left(\frac{350}{3{,}6}\frac{\text{m}}{\text{s}}\right)^2$$

$$= \frac{605}{2} \cdot 9452\,\text{J} = \mathbf{2859279\,J} \approx \mathbf{3\,MJ}$$

3.1.3 (Feder-)Spannarbeit

Spannarbeit wird verrichtet, wenn man gegen die Federkraft arbeitet.

Formel: $W_s = \frac{1}{2}Ds^2$ (s. Abb. 3.6)

Benutzte Größen: D Federkonstante, s Auslenkung

Beispiel

An einer frei hängenden Feder wird ein Körper mit einer Gewichtskraft von 400 N angehängt. Die Feder erfährt dadurch eine Dehnung von 30,0 cm. Welche Arbeit wird an der Feder verrichtet?

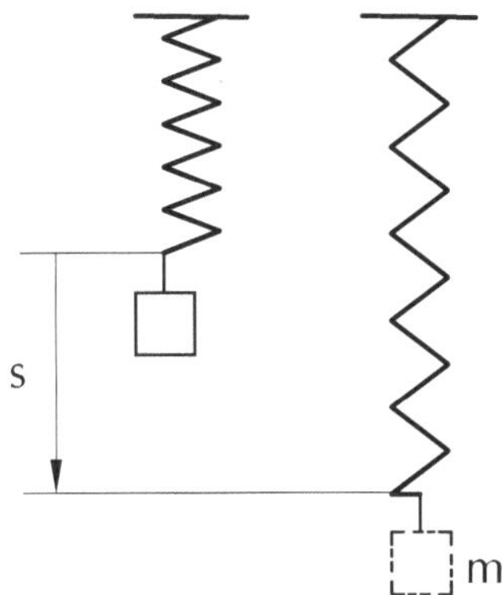

Abb. 3.6 Spannarbeit

Lösung

$$W_f = \frac{1}{2} \cdot D \cdot s^2 = \frac{1}{2} \cdot \frac{F}{s} \cdot s^2 = \frac{1}{2} \cdot F \cdot s = 400\,\text{N} \cdot 0{,}3\,\text{m} = \mathbf{120\,J}$$

Anmerkung: Bei einer harten Feder (große Federkonstante) muss bei gleicher Auslenkung mehr Arbeit verrichtet werden wie bei einer weichen Feder (kleine Federkonstante).

3.1.4 Reibungsarbeit

Reibungsarbeit wird verrichtet, wenn man gegen die Reibungskraft arbeitet.

Formel: $W_r = F_R \cdot s$ (s. Abb. 3.7)

Benutzte Größen: F_R Reibungskraft, s zurückgelegter Weg

Beispiel

Ein LKW (Masse: 25 t) fährt über eine Strecke von 5 km. Der Fahrwiderstandsbeiwert beträgt 0,04, der Luftwiderstand 500 N. Welche Arbeit gegen die Reibung muss der Motor verrichten?

Lösung

$$W_r = F_R \cdot s = \left(0{,}04 \cdot 25000\,\text{kg} \cdot 9{,}81\,\frac{\text{m}}{\text{s}^2} + 500\,\text{N}\right) \cdot 5000\,\text{m}$$

$$= 10310\,\text{N} \cdot 5000\,\text{m} = \mathbf{51550000\,J} \approx \mathbf{52\,MJ}$$

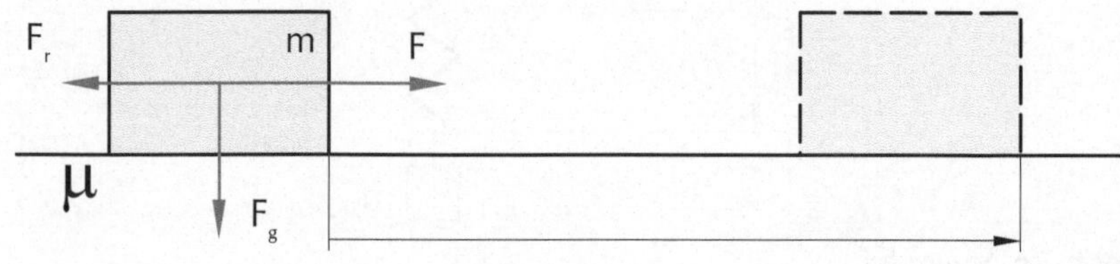

Abb. 3.7 Reibungsarbeit

3.2 Elektrische Arbeit

Formel: $W_{el} = UIt$

Benutzte Größen: U Spannung, I Stromstärke, t Zeit

Beispiel

Durch die Heizspirale einer Herdplatte fließt ein Strom von 6A bei 220 V Spannung. Kartoffeln brauchen fürs Garen 20 min. Welche Arbeit wird von dem Strom verrichtet?

Lösung

$W_{el} = 6\text{A} \cdot 220\text{V} \cdot 20 \cdot 60\text{s} = \mathbf{1584000\,J} \approx \mathbf{1,6\,MJ}$

Anmerkung: In einem „Stromzähler" wird die verbrauchte (geleistete) Arbeit dadurch bestimmt, dass eine Scheibe so in Drehung versetzt wird, dass deren Geschwindigkeit von $U \cdot I$ abhängt. Die genutzte Zeit wird durch das Zählen der Umdrehungen bestimmt.

3.3 Erwärmungsarbeit

Formel: $W_{th} = cmT$ (s. Abb. 3.8)

Benutzte Größen: c spezifische Wärmekapazität, T Temperatur(differenz) $([T] = 1\text{K})$, m Masse

Beispiel

Welche Arbeit wird benötigt, um 1 l Wasser von 20 °C auf 95 °C zu erhitzen? Die spezifische Wärmekapazität von Wasser ist $4{,}18\,\frac{kJ}{kg \cdot K}$.

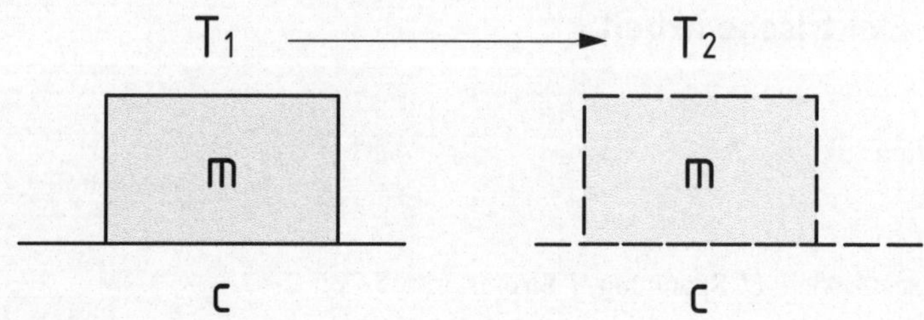

Abb. 3.8 Erwärmungsarbeit

Lösung

$$W_{th} = 4{,}18 \cdot 1000 \cdot \frac{\mathrm{J}}{\mathrm{kg} \cdot \mathrm{K}} \cdot 1\,\mathrm{kg} \cdot 75\,\mathrm{K} = \mathbf{313500\,J} \approx \mathbf{314\,kJ}$$

Energie E

4

Energie ist die Fähigkeit, Arbeit zu verrichten. Energie (haben) ist ein Zustand, Arbeit (verrichten) ist ein Prozess. Es gibt daher keine neuen Formeln (Ausnahme: s. u.) für Energie; ein System hat (erhält) die Energie (den Energiezuwachs), die an Arbeit an ihm verrichtet wurde.

Anmerkungen:

1. Die Einheit der Energie ist die Einheit der Arbeit: 1 J. Es gibt noch eine gebräuchliche Einheit, die aus der Leistung (s. u.) abgeleitet ist: $1\,\mathrm{W} = 1\,\frac{\mathrm{J}}{\mathrm{s}} \Rightarrow 1\,\mathrm{J} = 1\,\mathrm{Ws}$ Davon abgeleitet ist die ‚Kilowattstunde': $1\,\mathrm{kWh} = 1000 \cdot 3600\,\mathrm{Ws} = 3{,}6 \cdot 10^6\,\mathrm{Ws} = 3{,}6\,\mathrm{MJ}$.
2. Mit einer Kilowattstunde Strom kann ich
   15 Hemden bügeln
   70 Tassen Wasser kochen
   7 h fernsehen
   40 h CDs hören
   2 Tage einen 300-Liter Kühlschrank nutzen
   1 Hefekuchen backen
   1 Trommel Wäsche waschen
   Eine kWh kostet etwa 25 ct
3. Folgende Begriffspaare haben sich eingebürgert: Potentielle Energie – Hubarbeit bzw. kinetische Energie – Beschleunigungsarbeit
4. In einem abgeschlossenen System kann Energie weder verschwinden noch entstehen. Sie kann nur von einer Energieform in eine andere umgewandelt werden (s. Abb. 4.1). Die Summe aller Energien ist zeitlich konstant.

B. Heinrich, *Kraft, Energie, Leistung,* essentials,
DOI 10.1007/978-3-658-11258-5_4

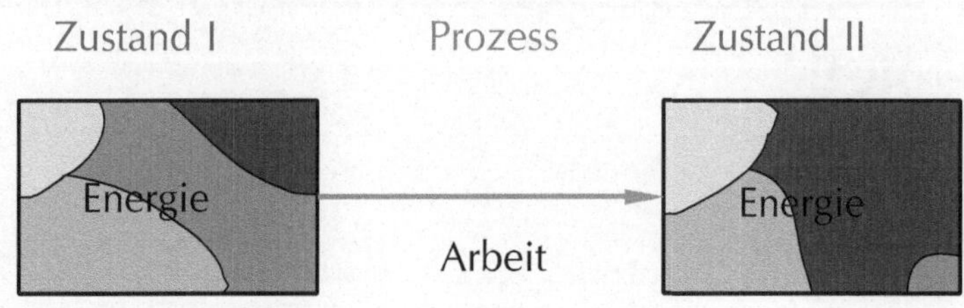

Abb. 4.1 Energieumwandlung

5. Beispiele:
   Ein Feuer wandelt chemische Energie in thermische Energie (Wärme) und Lichtenergie (Strahlung) um.
   Eine Windenergieanlage wandelt kinetische Energie in elektrische Energie um.
   Eine Solarenergieanlage wandelt Sonnenenergie (Licht) in elektrische Energie um.
6. Die Umwandlung von einer Energieform in eine andere geschieht technisch durch sog. Kraft- und Arbeitsmaschinen
   Eine Dampfturbine wandelt die potentielle Energie, die der unter Druck stehende Dampf in einem Dampferzeuger besitzt, über düsenförmige Leiteinrichtungen in kinetische Energie um. Diese kinetische Energie kann durch einen Generator in elektrische Energie umgewandelt werden.
   Ein Elektromotor wandelt elektrische Energie in kinetische Energie um. In Verbindung mit einem Kran kann die kinetische Energie in potentielle Energie umgewandelt werden.
7. Die Abb. 4.2 zeigt eine Übersicht über Begriffe im Zusammenhang mit Energiequellen, Primärenergieträger, Sekundärenergien und Nutzenergieformen
8. Die Energiespeicherung ist zurzeit ein großes technisches und ökologisches Problem. Energie ist häufig an Orten verfügbar, an denen sie nicht benötigt wird (Wind auf dem Meer, Sonnenstrahlung in der Wüste, Bedarf an Energie für die Aufladung eines Mobiltelefons unterwegs) oder zu Zeiten, an denen sie nicht benötigt wird (Wärme im Sommer statt im Winter, hoher Energiebedarf in den frühen Morgenstunden).
   Viele Speichertechnologien sind derzeit in der Entwicklung und auf dem Prüfstand. Einige Beispiele: Batterien, Pumpspeicher, Wasserstoff, Schwungrad, Kondensatoren, Wärmespeicher, u. s. w.
9. Eine Formel für die Energie sei noch erwähnt: Albert Einstein entdeckte den Zusammenhang zwischen Masse und Energie: $E = m \cdot c^2$. Dabei ist $c = 3 \cdot 10^8 \,\frac{\mathrm{m}}{\mathrm{s}}$ die Lichtgeschwindigkeit.

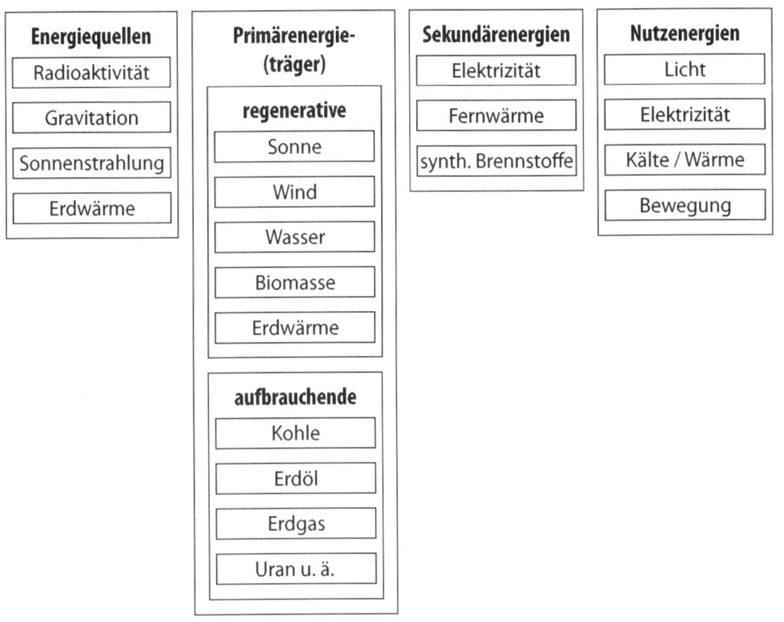

Abb. 4.2 Übersicht Energie

Beispiel 1

Welche Arbeit könnte man leisten, wenn 1 mg Materie ganz in Energie umgewandelt würde?

Lösung

$$E = m \cdot c^2 = 1 \cdot 10^{-6}\ \text{kg} \cdot \left(3 \cdot 10^8 \frac{\text{m}}{\text{s}}\right)^2 = 10^{-6} \cdot 9 \cdot 10^{16}\ \text{J} = 9 \cdot 10^{10}\text{J} = \mathbf{90\ GJ}$$

Der Jahresenergieverbrauch Deutschlands betrug 2008 $14300\,10^{15}$J, d. h. mit $\dfrac{14300 \cdot 10^{15}\text{J}}{9 \cdot 10^{10}\,\dfrac{\text{J}}{\text{mg}}} = 1589 \cdot 10^5\,\text{mg}$, das sind ca. 159 kg, könnte man den jährlichen Energieverbrauch Deutschlands abdecken – wenn man Materie vollständig in Energie umwandeln könnte.

Beispiel 2

Ein PKW wird auf einer Strecke von 25 m zu Stillstand gebracht. Dabei wird eine Bremskraft von 5,6 kN aufgebracht. Welche Wärmeenergie entsteht dabei?

Lösung

Eine Kraft wirkt längs eines Weges. Die Endgeschwindigkeit ist 0. Also kann zur Berechnung der Energie die Definitionsgleichung für die Arbeit verwendet werden.

$$E = F \cdot s = 5600\,\mathrm{N} \cdot 25\,\mathrm{m} = \mathbf{140000J \approx 0{,}14MJ}$$

Beispiel 3

Welche Wärmeenergie ist nötig, um 20 l Wasser von 20 °C auf 90 °C zu erwärmen? $\left(c_W = 4{,}19 \dfrac{\mathrm{kJ}}{\mathrm{kg} \cdot \mathrm{K}} \right)$

Lösung

Es wird Erwärmungsarbeit verrichtet, also kann die Formel dafür benutzt werden.

$$E = c_w \cdot m \cdot T = 4190 \frac{\mathrm{J}}{\mathrm{kg} \cdot \mathrm{K}} \cdot 20\,\mathrm{kg} \cdot 70\mathrm{K} = \mathbf{5.866.000J \approx 5{,}9MJ}$$

Beispiel 4

Ein BMW mit der Masse 1,5 t fährt mit 110 $\frac{\mathrm{km}}{\mathrm{h}}$ gegen einen Baum. Wie groß ist die kinetische Energie beim Auftreffen? Aus welcher Höhe müsste der Wagen fallen, um am Boden die gleiche kinetische Energie abzugeben?

Lösung

Die kinetische Energie beim Aufprall entspricht der Beschleunigungsarbeit, die an dem Wagen zur Erreichung der Geschwindigkeit verrichtet wurde. Also kann die Formel für die Beschleunigungsarbeit verwendet werden. Die Höhe kann aus der (gleichgroßen) Hubarbeit berechnet werden.

10. Wagen
   a) kinetische Energie
   $$\boldsymbol{E}_{kin} = \frac{1}{2} \cdot m \cdot v^2 = \frac{1}{2} \cdot 1500\,\text{kg} \cdot \left(\frac{110}{3{,}6} \frac{\text{m}}{\text{s}} \right)^2 \text{J} = \mathbf{700.231\,J \approx 0{,}7\,MJ}$$
   b) potentielle Energie
   $$E_{pot} = m \cdot g \cdot h \Rightarrow \quad \boldsymbol{h} = \frac{E_{pot}}{m \cdot g} = \frac{700.231\,\text{Nm}}{1500\,\text{kg} \cdot 9{,}81 \frac{\text{N}}{\text{kg}}} = \mathbf{47{,}59\,m}$$

5 Leistung und Wirkungsgrad

5.1 Leistung P

Die Leistung gibt an, in welcher *Zeit* eine Arbeit verrichtet wird. Die Einheit der Leistung ist $1\,\text{W} = 1\,\frac{\text{J}}{\text{s}}$ (Watt). Ein Watt Arbeit verrichtet man, wenn man eine Tafel Schokolade in einer Sekunde um einen Meter hochhebt.

Formel: $P := \frac{W}{t} = F \cdot v$

Benutzte Größen:

W geleistete Arbeit,
t dazu benötigte Zeit,
F Kraft,
v Geschwindigkeit

Anmerkungen:

1. Typische Leistungen
   Dauerleistung eines Menschen: 80 W
   kurzzeitig: einige 100 W
   PKW-Motor: einige 10 kW
   Ein modernes Walzwerk braucht ca. 50 MW Antriebsleistung
   E-Lok: ca. 4 MW

B. Heinrich, *Kraft, Energie, Leistung,* essentials,
DOI 10.1007/978-3-658-11258-5_5

2. Alte Einheit: 1 PS: 1 kW = 1,34 PS
3. Die Formeln für die Leistung leiten sich aus denen für die Arbeit ab. Man kann jeweils die Formeln aus Kap. 3 einsetzen.

5.2 Wirkungsgrad η

Der Wirkungsgrad gibt an, wie *effektiv* gearbeitet wird. Er ist das Verhältnis der von einer Anlage oder Maschine verrichtete Nutzarbeit W_{nutz} zum Energieaufwand E_{zu}. Wenn sich Nutzarbeit und Energieaufwand auf die gleiche Zeit beziehen, kann der Wirkungsgrad auch aus dem Verhältnis von Nutzleistung P_{nutz} zu zugeführter Leistung P_{zu} berechnet werden.

$$\eta := \frac{W_{nutz}}{E_{zu}} = \frac{P_{nutz}}{P_{zu}}$$

$$\eta = \eta_1 \cdot \eta_2 \cdot \ldots$$

So gehen bei der Wärmeerzeugung bei einer Ölheizung durch Abgas-, Bereitschafts- und Verteilungsverluste etwa 40 % des jährlich bezahlten Brennstoffs nutzlos verloren. (s. Abb. 5.1)

$$E_n = \eta_a \cdot \eta_b \cdot \eta_v \cdot E_{zu}$$

Beispiel 1

Eine Pumpe mit einem Wirkungsgrad von $\eta_2 = 80\%$ wird durch einen Elektromotor mit $\eta_1 = 90\%$ angetrieben. Wie groß ist der Gesamtwirkungsgrad der Pumpanlage?

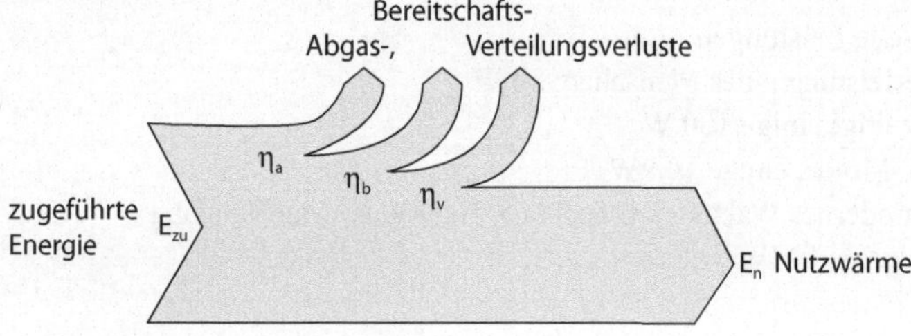

Abb. 5.1 Wirkungsgrad bei einer Ölheizung

Lösung

$$\eta_g = 0{,}90 \cdot 0{,}80 = \mathbf{0{,}72 = 72\ \%}$$

Beispiel 2

Eine Diesellokomotive bewegt einen Zug von 1000 t bei einer Fahrwiderstandszahl von 0,005 auf einer ebenen Strecke mit 40 km/h. Das Getriebe hat einen Wirkungsgrad von 0,92. Wie groß ist die Leistungsabgabe des Motors?

Lösung

$$\boldsymbol{P_{zu}} = \frac{P_{nutz}}{\eta} = \frac{F_{Reib} \cdot v}{\eta} = \frac{m \cdot \mu \cdot g \cdot v}{\eta}$$

$$= \frac{10^6\,\text{kg} \cdot 5 \cdot 10^{-3} \cdot 9{,}81 \frac{\text{N}}{\text{kg}} \cdot \frac{40\ \text{m}}{3{,}6\ \text{s}}}{0{,}92} = \mathbf{592391\ W \approx 0{,}6\ MW}$$